身边的科学真好玩

让苹果落地的引力

You Wouldn't Want to Live Without Gravity!

第2辑

U0396082

[英] 安妮·鲁尼　文
[英] 马克·柏金　图
杨天婴　译

ARTIME
时代出版

时代出版传媒股份有限公司
安徽科学技术出版社

［皖］版贸登记号：12151556

图书在版编目（C I P）数据

让苹果落地的引力/(英)鲁尼文;(英)柏金图;杨天婴
译.—合肥:安徽科学技术出版社,2016.6(2017.6重印)
(身边的科学真好玩)
ISBN 978-7-5337-6964-2

Ⅰ.①让⋯　Ⅱ.①鲁⋯②柏⋯③杨⋯　Ⅲ.①引力-
儿童读物　Ⅳ.①0314-49

中国版本图书馆 CIP 数据核字(2016)第 090095 号

You Wouldn't Want to Live Without Gravity! ©The Salariya
Book Company Limited 2016
The simplified Chinese translation rights arranged through
Rightol Media (本书中文简体版权经由锐拓传媒取得
Email:copyright@rightol. com)

让苹果落地的引力　　　　［英]安妮·鲁尼 文　［英]马克·柏金 图　杨天婴 译

出版人：丁凌云　　　　选题策划：张　雯　　　　责任编辑：张　雯
责任校对：沙　莹　　　　责任印制：李伦洲　　　　封面设计：武　迪
出版发行：时代出版传媒股份有限公司　http://www. press-mart. com
　　　　　安徽科学技术出版社　　　　http://www. ahstp. net
　　　　　(合肥市政务文化新区翡翠路 1118 号出版传媒广场,邮编:230071)
　　　　　电话：(0551)63533323
印　　制：合肥华云印务有限责任公司　　电话:(0551)63418899
(如发现印装质量问题,影响阅读,请与印刷厂商联系调换)

开本：787×1092　1/16　　　印张：2.5　　　　字数：40 千
版次：2017 年 6 月第 4 次印刷

ISBN 978-7-5337-6964-2　　　　　　　　　　　定价：15.00 元

版权所有,侵权必究

引力大事年表

13亿年前

宇宙大爆炸之后，引力将宇宙中的物质聚拢在一起。

16世纪80年代一1610年

伽利略·伽利雷通过物体的下落对引力进行实验。

1783年

孟格菲兄弟代表人类首次向引力进行挑战，发明了热气球。

1915年

阿尔伯特·爱因斯坦形容引力是时空的扭转。

4.5亿年前

地球的一部分脱离出去，成为地球的第一个卫星——月亮。

1798年

亨利·卡文迪什的实验证实了牛顿的引力理论。

1666年

艾萨克·牛顿开始研究引力，并在1687年发表了他的引力理论。

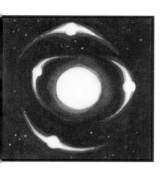

1942年

德国的V2火箭首次脱离地球引力，成功飞入太空。

2009年

科学家们发现一些雨滴的落下速度超过"终极速度"，这是一个超乎寻常的发现。

1919年

亚瑟·爱丁顿证明光在太阳周围是弯曲的，以此证实了爱因斯坦的理论。

1969年

尼尔·阿姆斯特朗在月球上漫步，成为首次行走在没有地球引力之地的人。

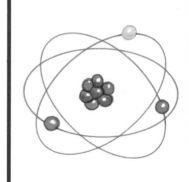

1957年

人类第一颗人造卫星"伴侣号"发射成功。

1998年

科学家们提出，宇宙中的暗物质和引力形成反作用力，使宇宙不断扩张。

1927年

乔治·勒梅特提出大爆炸理论。

我们可以看见引力吗？

我们的地球体形有点儿怪。它并不是一个绝对的球体——腰部略微突出，赤道附近比两极之间更宽。我们将这种有意思的形状称为扁球体。

除此之外，地球表面每个地方的密度也是不均衡的。这意味着地球表面不同地方的引力也是不一样的。

科学家们测量了地球表面不同地方的引力，并绘制了一个引力地图，称之为"波茨坦土豆"。这是因为这个地图看起来和土豆的样子有点儿像。而当时的科学家们的所在地是德国的波茨坦市，它因此得名。

在这个引力地图上，红色区域表示引力最强的地方，浅蓝色区域意味着引力最弱。

作者简介

文字作者:

安妮·鲁尼,曾在英国剑桥大学学习英语,获得哲学博士学位。她在几所英国大学任过教职,目前是剑桥大学纽纳姆学院的皇家艺术基金会成员。安妮已经出版150多本儿童及成人图书,其中几本的内容是关于科学及医学史。她也创作儿童小说。

插图画家:

马克·柏金,1961年出生于英国的黑斯廷斯市,曾在伊斯特本艺术学院读书。柏金自1983年后便开始专门从事历史重构以及航空航海方面的研究。柏金与妻子和三个孩子现在住在英国的贝克斯希尔。

目　录

导　读

想象一下，没有引力会怎么样？如果你不能打球，也不能跳入游泳池，甚至不能坐到椅子上,这会是一个怎样的状态？生活在地球上，我们别无选择地要和地球引力生活在一起。事实上,若没有引力,地球便不会存在,也不会有你我。

引力有时也是一个负担。如果它不存在，我们便不会摔倒,也不会被落下的东西砸到。但是,引力也做了很多非常有用的事情。比如,它把我们牢牢地吸在了地面上，也使整个宇宙能够紧密地联系在一起！你可不想生活在没有引力的地方哦。

在你**每次**跳起的时候,引力都将你吸回地面。你在跳蹦蹦床的时候,它有足够的力量使你弹起来,但你每次又都被地球引力吸了回来。

引力为你做了什么？

引力像一种看不见的胶水，把所有东西牢固地粘在地球的表面。它并不仅仅存在于地表，也不只吸引固态的东西。引力让大海下沉，让空气不至于飘到太空中去。它还使地球自身紧紧地聚拢在一起。

如果地球的引力开关被突然关上了（放心，这并不会发生），所有东西就会从地球的表面飞散出去。所有东西，水、空气、人和动物都会飞到宇宙里。这可能一开始看起来挺好玩的，但其实并不好哦。

我们所测出来的**重量**是引力的结果。在一个引力不同的星球，你的重量也会随之改变，但其实本身质量并不变。

在**没有引力**的地方，没有东西会牢牢地待着不动，除非它被锁住了。如果你想倒杯饮料喝，液体会飘散或者粘在杯子里，因为没有引力让它能够流下来。

没有引力就会少了很多**好玩儿的事**，比如坐过山车、滑冰、滑雪橇和跳水。这些活动都倚赖引力才能发生。

引力无时无刻不在，所以你要经常保护好自己。比如在滑旱冰和骑车的时候，记得戴上头盔和护膝呀。

引力也会在不经意间**伤害**到你。比如骑车的时候，一不小心你就会从自行车上摔下来。跌倒其实是引力在你的质量上做功的结果，它把你吸引到地面上。

如果**有什么东西**砸到你了，那也是引力作用的结果。如果没有引力的话，你就不能把垃圾扔进垃圾桶；相反，它们会飘得到处都是。

引力也使**行星围绕太阳公转**，让月亮围绕地球旋转。如果没有引力，月亮和小行星就会飘散到太空里面去。

一切从一个爆炸开始

引力究竟从何而来？在宇宙形成的初期，一些小物质互相吸引，聚拢在一起。引力的起源看似和物质的诞生是同步的。物质在这个过程中聚拢得越来越大。500万年以后，当聚拢在一起的物质变得足够庞大的时候，星系就形成了。这之后，很多的星球又在星系里面诞生。这一切的背后，引力的作用可不小呢！

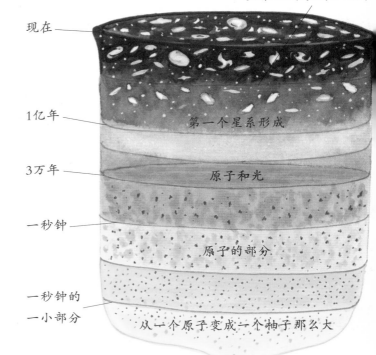

星系之间形成了星群

现在

第一个星系形成

1亿年

原子和光

3万年

原子的部分

一秒钟

从一个原子变成一个柚子那么大

一秒钟的
一小部分

大爆炸

大爆炸理论是由乔治·勒梅特在1927年首次提出的。这个理论解释了宇宙是如何从一个微小物质开始，迅速扩张而成。在这个过程中，一切物质和能量迅速地扩散而出。至今，它还在不断地扩大。与此同时，引力使物质互相吸引。由此可见，宇宙是由许许多多聚拢在一起的物质团组成的。

巨大块的**气体和灰尘**在引力的作用下形成了星球。没有引力，星球永远都不会存在。

由气体和灰尘组成的**物质团**在旋转中形成星球。

当**物质团**撞击在一起，它们要么被撞成更小的碎片，要么汇拢成更大的星球。

你也能行！

我们并不完全了解引力的所有秘密。这是留给未来物理学家们的课题。也许你可以成为一个物理学家，为我们解答对于引力的疑惑呢。

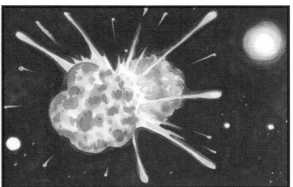

名称	围绕太阳公转	球形	和其他物质共享公转轨道	算不算是一个行星？
金星	✔	✔	✔	😊
地球	✔	✔	✔	😊
冥王星	✔	✔		😟
妊神星	✔		✔	😟

环绕在木星周围的**带状漂浮物**之间存在着空隙。这些空隙可能是环绕木星公转的卫星吸引了周围的灰尘颗粒而形成的。

当一个星球的**周长**大于400千米时，它的形状会变成球形。这是因为引力能够把任何不规则的突起"吸引进去"。如果小于这个体积，它的引力便不足以使它成为球形。这种不规则的形状和一个大土豆还挺相似的。

怎样才能算作是**一颗行星**呢？行星的定义有以下3个条件：（1）围绕地球公转；（2）有足够大的体积形成球体；（3）在公转轨道上没有其他物质存在，除非这些物质是它的卫星。

你的下落有多快？

1971年，宇航员大卫·斯考特乘坐"阿波罗15号"飞船登陆月球。在月球表面，他证实了伽利略的理论。他松开双手，让一个榔头和一片羽毛同时坠落，这两样东西在同一时间坠落到了月球表面。

怎么样，伽利略先生是对的！

意大利科学家伽利略·伽利雷对研究引力抱有极大的兴趣。16世纪80年代，他提出引力对所有下落物体有着相同的作用力——这就是伽利略的落体定律。这条定律指出，在只考虑引力的前提下（无摩擦力等别的外力），无论物体有多重，它们下落的速度是一样的。但是在地球上，由于空气阻力的存在，物体的形状和质量会影响实际下落速度。

伽利略设想，在没有空气阻力的情况下，让一团羊毛和一个铅块同时落下，它们将同时到达地面。然而，由于空气阻力在地球上无处不在，伽利略无法证实他的猜想。

伽利略是这样做引力实验的：他让重量不同的球在同样的斜坡上滑落，然后测量它们滑落的时间。他证实，无论球的重量如何，它们都用了相同的时间滑落。

什么是终极速度？一个物体在空气中下落，当它所受的地球引力和空气阻力持平时，就会以匀速下落，这就是终极速度。比如，一个跳伞运动员一开始以很快的速度下落，当他打开了降落伞时，所受的空气阻力就会增大。这时，他的下落速度就减慢了。

投球的时候，你对球投出的方向和力度做出判断。你之所以可以把球投得准确，其实是引力对球的下落轨迹产生了影响。你看，你可以在没有意识到的情况下熟练运用引力在生活中所起的作用。

炮弹和箭发射出去的轨迹是在引力作用下形成的。发射给了它们强大的推力，然后在引力的作用下它们重返地面。

原来如此！

地球上，物体以每秒9.8米的速度加速下落。直到达到终极速度以后，下落的速度在空气阻力的影响下才减慢。

宇航员阿兰·谢波德在月球上击出两个高尔夫球。他称，在没有空气阻力和很小的引力的情况下，它们飞出了很远很远。

在前面！

苹果为牛顿做了什么？

牛顿对月球和星体的运动十分感兴趣。他用望远镜研究天体运动，最终发现，太阳和行星间的引力决定了它们运动的轨迹。

很久以来，人们一直对物体会落向地面的原因感到好奇。艾萨克·牛顿是第一位仔细研究这一现象的人。牛顿把引力视为物体互相吸引的作用力。引力在所有物体以及它们之间都产生作用，引力的大小取决于物体的质量和物体之间的距离。两个物体之间的距离越大，它们之间的引力就越小。

1666年，牛顿看到**一个苹果从树上掉了下来**，于是对此提出了自己的想法。牛顿提出，月亮之所以围绕地球旋转，是引力的作用。如果一个苹果可以在引力的作用下被吸到地面上，那为什么月亮不是这样呢？

牛顿用**引力的概念**解释了行星围绕太阳运行的轨道。太阳的引力使行星围绕着它旋转，不至于"逃跑"。有些行星的轨道有些不稳定,这是因为周围的其他行星和卫星可以用它们的引力把这颗行星拽过去。

月亮是如何形成的呢? 一个解释认为,在几亿年前,地球和其他小行星碰撞。碰撞产生的碎片在地球引力的作用下围绕地球公转。而碎片自身的引力使它周围的物质聚拢在了一起,形成了一个球体。它就成为我们现在所看到的月亮。

所有物体,包括原子,都拥有自己的引力。但由于这种引力太小,我们都感觉不到它们的存在,这其中也包括你自己的引力哦。

如果地球上的所有人都站到地球的同一侧,那么地球的重心会发生改变。引力的重心取决于物体质量的重心。如果我们全都跑到一边,地球引力的重心会发生改变。

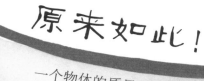

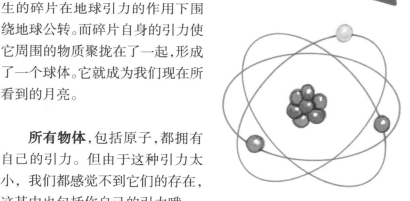

一个物体的质量越大,它的引力就越大。你被牢牢地吸引在地球上是因为地球有着很大的引力,但你对地球也发挥着你自身的引力。

月亮的引力形成地球的潮汐。这是因为月亮围绕地球公转,潮水在月亮引力的作用下时涨时落。

真要感谢引力,有它我们才能冲浪。

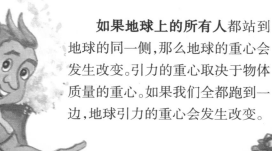

为什么说引力像一个洞?

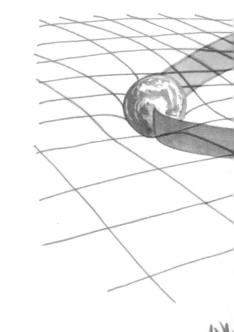

200 多年以来,牛顿的引力理论被人们所接受。它很好地解释了为什么月亮会围绕地球公转,以及为什么苹果会掉到地面上来。但在更小和更大的层面上,牛顿的理论陷入了困境。在1666年,这并不构成问题,因为没有人了解原子和星系是如何运动的。

但是爱因斯坦并不同意牛顿的说法。他不认为引力是一种力。1915年,爱因斯坦形容引力为一种空间的扭转。一个像恒星那么大的物体,会使更小的物体在引力的作用下下沉。你可以想象这个画面:一个很重的球在一张被拉紧的床单上沉下去的样子。

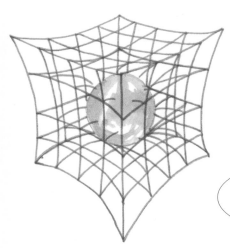

引力和加速度其实是一回事。它们都以米/秒^{2}作为单位,也就意味着速度会随着时间的增加而变快。所以,当引力使一个大石头下落的时候,记住要赶快逃跑哦。

时空并不完全和一张被拉紧的床单一样,因为床单只有**一个维度**。而时空是四维的,它们会同时在引力的作用下被重物吸引过去。

它越滚越快了!

这是引力在作用!

你也能行！

你可以做一个实验:在一张被拉紧的被单上面放上几个小球,看看被扭转的时空是如何使小球吸引到一起的。

爱因斯坦在**相对论**中指出,宇宙是由时间和空间组成的,而引力是时空的扭转。当一个星球吸引其他物体的时候,时空就变了形。

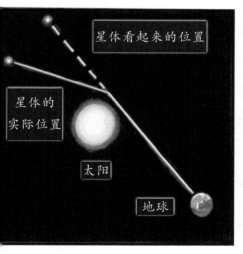

星体看起来的位置

星体的实际位置

太阳

地球

爱因斯坦相信,大型星球的引力使光扭曲。当光的方向改变,本来隐藏的物体就能够被我们看见。

爱因斯坦的理论在1919年被亚瑟·爱丁顿证实。在一次日全食中,爱丁顿航行到东非拍摄了日全食的照片。当他把这些白天拍摄的照片与夜晚拍摄的照片作比较时,他发现太阳附近一些星群的位置有所改变。这证明由这些星群所发出的光在太阳附近发生了扭转。这一发现证实了爱因斯坦的理论。

让引力发挥作用

我们赖以生存的地球引力，永远不会消失，它无时无刻不在那里。既然如此，就让我们看看有什么办法可以利用引力，让它为我们的生活发挥一些功效吧。

很久以来，人们就开始用各种各样的方式让引力为我们服务。人们利用引力使物体下落，也通过引力来测量平面是否是水平或垂直的，还用引力测量时间。现在，人们甚至能通过引力操控宇宙飞船的方向。

引力使一个被拴有重物的绳子垂直下垂。如果我们在一根绳子上面拴上重物，就可以用它来测量一个侧面是否是垂直的了。

你有没有看见过凹凸不平和倾斜的水平面？答案是否定的。水平面会永远保持水平，这意味着我们可以利用它来测量一个平面是否是水平的。你只要把一碗水放在一个平面上，然后看看水面四周的高度是否一致；如果不是的话，这个平面就不是水平的。这个办法是不是很简单易行呢？

引力的功劳真大呢！

在**发明手表以前**，人们用沙漏来测量时间。在引力的作用下，一侧的沙子可以均匀地从沙漏中间的洞落到另一侧。每次颠倒沙漏之后，沙子落下的时间是一样的。这是一个很好的计时方法。

你也能行！

制作你自己的垂直测试仪。找一根绳子，在它的一端拴上一重物，带着它来看看你旁边的东西是不是垂直的。你可以试试，测量一下家里的门或游乐园里的梯子，它们都是垂直的吗？

水车利用水下流的重力使轮子转动。轮子带动车轴，转动机器，机器便可以磨面了。

地球引力并不是我们唯一可利用的引力。宇宙飞船可通过"引力助手"，利用其他星球的引力为自己驱动。当宇宙飞船靠近某一个星球的时候，来自那个星球的引力会把飞船吸引过去。当飞船加速时，它就可以飞越这个星球，同时改变自身的方向。

水力发电大坝也利用水下流的重力运转。但和水车相比，大坝的规模要大上很多倍。巨大的水流倾泻而下，驱动着发电机车。这是人们把引力变为电能的智慧。

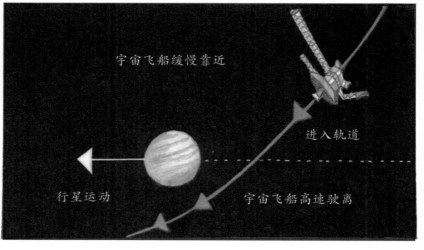

宇宙飞船缓慢靠近

进入轨道

行星运动

宇宙飞船高速驶离

什么会漂浮而不坠落？

我们利用引力的方式之一，就是使人造卫星环绕地球飞行。我们把任何以固定轨道围绕某个星球飞行的物体称为卫星。月亮是地球唯一的天然卫星。它已经围绕地球飞行了45亿年。

我们的地球现在拥有许许多多人造卫星，它们通过火箭发射到相应的轨道上，为我们做了多种多样的事情。和月亮一样，它们在地球引力的作用下围绕着地球旋转。如果没有地球引力的话，我们就用不了卫星电视、手机信号和全球定位系统（GPS）了。

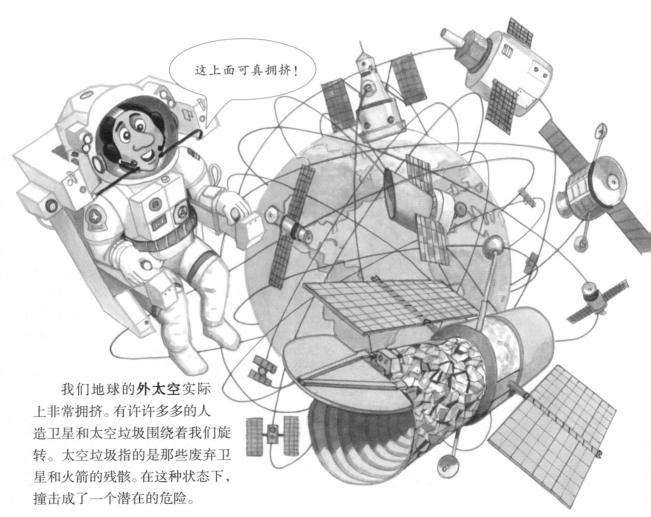

我们地球的**外太空**实际上非常拥挤。有许许多多的人造卫星和太空垃圾围绕着我们旋转。太空垃圾指的是那些废弃卫星和火箭的残骸。在这种状态下，撞击成了一个潜在的危险。

一个卫星的飞行速度与它的飞行高度要匹配。只有这样，卫星才能保持在它的运行轨道上。在被火箭发送出去之后，卫星继续保持发射时的速度与高度。当卫星的速度减慢并坠落时，它会在地球的大气层中燃尽。如果卫星的速度过快，它就会偏离轨道，飞到外太空去。

你也能行！

卫星是可以被我们看到的。你可以登录 http://spotthestation.nasa.gov/（隶属美国国家航空航天局），可以看到国际空间站的信息。你不需要望远镜，但你需要一个晴朗的夜空。

人造卫星为我们的生活提供了多重帮助。人们运用卫星从事远程通信、天气预报和间谍活动等，还可以提供全球定位系统等服务，连测量引力都用到了它。

并不是所有卫星都围绕地球运行。一些老的卫星在太阳引力下也围绕太阳飞行。

卫星也会慢慢衰老。大多数的卫星坠落后会在地球的大气层中燃尽，但偶尔有些卫星碎片也会坠落到地球。

太空中并没有"上"和"下"的区别。这种标识只是一种呈现地球的方式，我们把北方定为上。事实上，"上"只是意味着离地球的中心越来越远，"下"意味着离地球的中心越来越近。

赤道

15

你的身体爱引力

你的身体已经适应了地球上的引力，更大或更小的引力都会让你感到不适。美国国家航空航天局在计划长期宇宙作业时，是需要考虑到这一点的。尤其是宇航员在其他的星球或宇宙空间站长期生活的时候，更需要考虑到引力的变化对人体的影响。比如，在一个往返于火星的旅途中，宇航员需要在毫无引力作用的太空中生活14个月之久。

在太空中，宇航员的身体是没有体重的。他(她)们的肌肉和骨骼不需要用力，身体就能和引力达到平衡。在这种状态下长期生活，会让我们的身体产生诸多不适。只有经常运动，我们的身体才会保持最佳状态。这就是为什么规律的运动对身体有好处。我们的身体在没有引力的情况下会产生很多问题。

腹部

耳朵

手臂骨骼

脊椎

腿部肌肉

在没有引力的状态下，我们**骨骼的密度**会降低。这使长期在太空工作的宇航员们更容易骨折。他（她）们在一个月的时间里会失去1%的骨量。在最坏的情况下，超过一半的骨密度有可能流失。一个骨折了的宇航员不可能很好地探索一个星球的。

原来如此！

在宇宙飞船里的无重力感是由"自由落体"状态引起的。宇宙飞船在引力的影响下一直被地球吸引，但是由于运转时的速度，它从来没有落回到地球。

宇航员们的**肌肉**在长期飞行期间也会萎缩。在一周时间里，他（她）们身体5%的肌肉就可能萎缩。宇航员在飞行前会通过运动增加肌肉。

无重力感会造成太空晕眩。零重力训练甚至被宇航员们称为"晕船"，因为它让每个人都无比难受。

人类运用耳朵深处的液体和毛发**保持平衡**。如果一个婴儿在太空里出生，当他（她）来到地球的时候，他（她）能学会如何平衡吗？我们还不清楚答案呢。

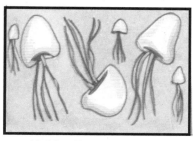

海蜇的体内有一种能够让它感知"上"与"下"的晶体。这种晶体只有在有重力的情况下才能够使用。在太空里出生的海蜇如果回到地球，就很难继续生存了。

好东西也太多了？

在一个有着**更强的引力**的星球上，运动会变得更吃力。就连大气也会压迫你。

如果更小的引力会给你的身体造成不适，那么更大的引力会有怎样的影响呢？宇航员访问的星球里，有些引力会更小，有些引力会更大。宇宙勘探者们可不能轻视引力这一要素。

一个星球的引力取决于它的大小和密度。密度是由每立方厘米的质量来计算的。在太阳系当中，月亮的引力只有地球的17%，火星的引力稍大于地球引力的三分之一，大约相当于37%，而木星的引力是地球的两倍。如果宇航员在木星表面的话，他（她）们会被木星强大的引力吸引。在太阳系之外，谁知道其他星球的引力会是怎样的呢。

当**引力作用于**你的身体时候，它会挤压你的脊椎，使你变得更矮。这种现象在地球上也同样发生。如果地球的引力更强的话，你的身高也会变得更矮哦。

在一个拥有**更强引力的星球**上，空气的重量也会增加。这时，空气带来的压力感也会增强。这使运动变得更加吃力，你会更容易感到疲倦。

你也能行！

在运动的时候，你可以加上一些重量，这会比平常的运动更加困难。这就是在更大的引力之下的状态哦！

你的脸会变得像一个僵尸那样灰绿。这是因为在强大引力的影响下，你体内的血液会集中到身体的下半部。这时，你的心脏需要加大马力，才能使血液顺利在体内流动。

DANGER!
BLACK HOLE
DO NOT ENTER

黑洞里的**引力**是**巨大的**。它是一个质量无比密集的物质。它并没有失去自身的质量，而是由于引力大而被挤压在一个空间当中。拥有和一个星球同等质量的黑洞会浓缩成一个汤匙那么大。

一个**离黑洞过近的物体**会被拉得很长很长。这是因为物体一端受到的引力会远远超过它另一端受到的引力。之后，它便会被吸进黑洞里，永远没有逃出的可能。

没有引力的生活

太空里的宇航员需要在无重力状态下生活。这意味着他(她)们自身和周围的物体都会漂浮在宇宙飞船当中,因此需要很多特殊的生存技巧来应对。

当宇宙飞船在轨道上围绕地球飞行时,宇航员会处于自由落体状态。他(她)们会感觉仿佛失去了重量,引力消失了一般。自由落体意味着物体一直被地球引力吸引。但是,宇宙飞船的运行速度使飞船和宇航员们并不会真正地坠落到地球。想象一下你跳起后落下前的瞬间,在太空里生活,这种瞬间会被拉长为几周甚至几个月!

宇航员用一种特殊定制的咖啡杯喝水。这种杯子的外形长得像机翼的一侧。液体会自己爬到出口,因为倾斜杯子已经没有什么用了。

这种漂浮的状态也许一开始看起来挺有趣。你身边的东西都悬浮于半空之中,然而,它们自己却无法固定。只要空气流动,它们就飘走了。你需要把所有东西都紧紧地锁住才好呢。

如果你**在太空中刷牙**,牙膏水都会"飘"走。宇航员们通过特殊的方法来避免这种情况的发生。当然,在使用卫生间的时候,也有和平常不一样的对策哦。

在地球上，引力有时候还可以救你的命。如果你在一场大雪崩中受困，并且分不清上和下，可以试着吐口水或者小便来判断方向。液体会往低处流淌，而逃生的方向就是液体流淌的反方向。

在**无重力状态**下，和宇航员一样，生活用品、食物、饮料等所有物体都漂浮在空中。要想把他们固定住，真是一件难事呢。

在太空里，**每个人的头发**看起来都一团糟。如果你的头发平常是垂下来的，那是因为它们受到了引力作用。宇航员们每天都要和乱七八糟的发型打交道。

宇航员们不需要躺下来睡觉，因为躺下和站着没有实质区别。为了避免在睡觉的时候飘走，宇航员们需要钻进一个固定在墙上的睡袋里睡觉。

球类游戏是玩不了了，因为这些球永远不会落下来，会一直漂浮在天花板附近。但其实，天花板并不存在，因为根本没有"上"与"下"的区别。

向引力挑战

我们也有向引力发出挑战的时候，比如乘坐飞机、宇宙飞船，甚至是当你从地面上跳起来，都是在和地球引力做相反方向的运动。如果引力使我们牢牢地被地球吸引，那么我们是怎样脱离地面的呢？如果我们和牛顿一样把引力想成是一种力，可以通过反作用力来与引力抗衡。所以，当我们给予一个物体足够大的向上的推力时，那个物体就会离开地面，甚至飞向太空。

你的**肌肉的力量**使你从地面上跳起，它也使你的脚离开地面而行走。

地球上**许许多多**的生物都有足够的力量悬浮在半空中，甚至是一个会飞的小虫子都可以做到。然而，只有宇宙飞船能够永远地脱离地球引力。

我们挑战了引力！

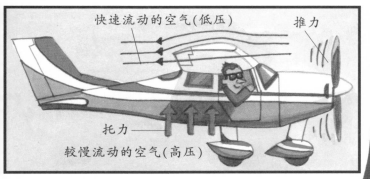

飞机快速前进时受到机身下方的托力起飞。

鸟儿扇动翅膀，将空气推到身下，也就产生了向上的力让它停在空中。

原来如此！

运动是由力决定的。一个方向的推力或者拉力使物体运动，直到来自另一个方向的力改变或停止它的运动。和地球引力相反的运动永远都受到来自地球引力的反作用力。

火箭引擎产生的向下的巨大推力能够和地球引力相抗衡，把火箭推上太空。

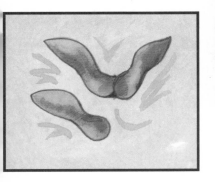

树叶、种子和昆虫由于自身重量较轻而能轻易被风吹起来。

一个**脱离了地球引力的火箭**却容易被太阳引力吸引过去，因此火箭需要更大的力量才能脱离太阳引力。

一个**充满氦气的气球**比周围的空气要轻。气球周围的空气因受到引力的影响而下沉，氦气气球同样被引力影响，但由于自身重量较轻而向上飘浮。

所以，没有引力也可以生活吗？

一开始，生活在没有引力的环境里，可能看起来挺有趣的，但是我们无法一直生活在这种状态下。如果引力消失了，我们都无法活下去。但是，假设人类"殖民"到太空，我们就需要考虑，怎样才能在与地球引力不一样的环境里生活。在太阳系以外的星系里，我们有可能发现引力与地球不同的星球。要习惯那样的环境可能需要一段时间，尤其是在一段很长的无重力旅行之后。当你习惯了生活在有引力的环境中，你的生活里就不想没有它了！

如果你跑到了一个**引力稍微大于地球**的星球上生活，你的身体最终会适应这个环境。但一开始，你会感觉很疲惫，那种感觉就像在承受超级运动员的训练一样。这是因为你需要更强壮的肌肉、骨骼和心脏。

如果你跑到了一个**引力小于地球**的星球上生活，你可能就再也回不来了。你的肌肉也许可以再次被锻炼，但骨骼会变得非常脆弱。所以，你可得想好了再去噢！

如果我们成功**移民**到了一个引力大于地球的星球上，那可要想办法克服额外的引力。也许我们可以设计一种抗引力的服装。充气式靴子，没准是一个好选择。

重要提示！

如果你认为你有可能到一个引力小的星球上，那就带一些很沉的衣着装备吧。它们会帮你站稳在地面上的。

或许，我们也可以生活在**海拔最高的地方**。因为海拔越高，受到的引力就越小。这在地球上也是如此。比如，山顶的引力就要比海平面的引力略小一些。所以你的体重在海拔高的地方会相对变轻。在一个引力较大的星球上，高度会造成一些稍微明显的不同。

最理想的是，我们可以找到一个引力既不是很强又不是很弱的星球。这样的星球和我们的身体结合得恰到好处。幸运的是，我们已经在这样的一个星球上了。

术语表

Accelerate **加速** 使速度变得越来越快。

Air resistance **空气阻力** 物理运动或下落时,受到来自空气的反方向的力量。

Asteroid **小行星** 在宇宙中飞行的岩石或大冰坨。

Atom **原子** 物质的很小的一部分;化学构成里面最小的物质成分。

Avalanche **大雪崩** 从山上滑落的大雪;和山土滑坡很相似,只是滑下来的是雪,不是石头和泥土。

Axle **轴** 轮子被固定并且围绕它旋转的杆。

Big Bang **大爆炸** 宇宙的开端,所有物质从一个无限小的点迅速扩张而成,形成了时空。

Bone mass **骨量** 单位体积内,骨组织和骨基质的含量。

Decay(orbit) **衰老(运行)** 围绕地球运行的物体逐渐失去它的能力,坠落到地球上。

Dense **密度大的** 形容物质每单位体积内的质量非常大。

Force **力** 物体对物体的作用。

Free fall **自由落体** 持续落下而不着陆的状态。

GPS **全球定位系统** 一种能够在地球上精细定位的系统,通过卫星实现。

Gravity **引力** 具有质量的物体之间加速靠近的趋势。

Gravity assist **引力助手** 在宇宙飞船上,一个可利用来自其他星球的引力为自己驱动的调节手段。

Helium **氦气** 一种比空气要轻的气体。

Hydroelectric dam **水力发电大坝** 一种利用倾流而下的巨大水流来发电的设施。

Lift **托力** 一种能把飞机托起的力，利用机身上下的压力差而产生。

Mass **质量** 使一个物体静止时难以运动，或运动时难以停下的质量。

Orbit **轨道** 一个物体保持均匀的高速环绕一个星球的轨迹。

Plumb line **垂直测试仪** 一种在绳子一端拴上重物来测量物体是否绝对垂直的仪器。

Satellite **卫星** 围绕一个星球飞行的天体。

Solar System **太阳系** 在太阳引力下运动的天体系统，包括各行星、月亮、彗星、小行星以及其他天体物质。

Space-time **时空** 交织在一起的时间和空间，宇宙存在于其中。

Telecommunications **远程通信** 一种通过电磁辐射的通信方式。

Terminal velocity **终极速度** 在引力下一个物体下落可达到的最快速度。

Trajectory **轨迹** 被掷出或发射出的物体的下落路径。

Weight **重量** 引力在质量上做功的结果。

Weightlessness **无重力状态** 宇航员在太空里的一种没有体重的感觉，由在轨道中飞行时的自由落体状态造成。

Zero gravity **零重力** 一种物体没有阻力而自由落体的状态。

引力的有趣小常识

● 物体在地球两极比在赤道要重。所以,如果你把一个5千克重的企鹅带到非洲的赤道附近去测量,它就变成4.75千克了。并且,它会生气的!

● 引力在地球不同的地方是不完全一样的。如果你想感受最强的引力,可以去阿拉斯加的安克雷奇;如果你想去一个引力稍弱的地方体验,那就去中非或者印度吧。

● 在地球的大气层最外侧,引力的强度不能使大气分子完完全全地吸引在地球上。这意味着总有一些大气分子在持续地飞向太空。有些小卫星和小星球的引力不足以保持一个大气层。

● 即便是在离开地球表面100千米的地方,引力也只比地表减少了3%。你需要走很远很远,才能够彻底脱离地球引力。

● 在赛车、花样飞机或太空训练等活动中,人们会体验到比正常引力下的加速度更快的加速度(重力加速度用g表示,通常计算为9.8米/秒的二次方)。目前为止,人类体验到的最快的加速度是每0.04秒83个重力加速度。这是飞行队长艾利·毕定在一次美国空军的试验中体验到的。

● 在"阿波罗八号"上,宇航员利用橡皮泥固定工具,使它们不会在太空舱里乱飞。

你知道吗？

我们通常混淆重量和质量的用法，但其实这两个词的意思是不一样的。质量是物体所具有的一种属性，是决定使一个物体静止或运动（即运动状态发生改变）需要多少力的唯一因素。即便是在零引力的状态下，仍需要力才能使一个静止的物体运动。

重量测量的是一个物体受到的引力的大小。所以，在引力不同的地方测出来的重量是不同的。在一个引力不同的环境下，你的重量会变，但你的质量是不变的。

算一算你在另一个星球上有多重。用你在地球上体重的十分之一乘以表格里每个星球对应的数字。比如，你在地球上的体重是40千克，那么在水星上，你的体重就是4 × 3.7 = 14.8(千克)。

其他星球	乘以	其他星球	乘以
水星	3.7	土星	10.6
金星	9	天王星	8.8
火星	3.7	海王星	11.2
木星	23.6	冥王星	0.6
月亮	1.6	太阳	270.7

和引力相反的暗物质

宇宙在诞生之初就在膨胀。之后,引力也开始发挥作用。引力使物质相互吸引,但同时,由于宇宙在不断扩张,物质之间的距离也在不断增加。宇宙本身在不断增大,而引力使物质互相吸引而保持在特定的地方。

物质之间的距离在不断增加。我们来设想一个气球,这个气球上面有两个点。当你把气球吹大了以后,它们之间的距离也增加了。这个就是宇宙膨胀的过程,只是物质的大小本身不会像那两个点一样扩大罢了。

大约在过了60亿年后,最初形成宇宙的能量耗尽了。宇宙的扩张本该终止,但其实它还在不断地变大。并且,宇宙扩大的速度也在不断地增加。

引力使存在于宇宙中的所有物质聚拢到一起,这是因为所有拥有质量的物质之间都存在引力。但是与此同时,又存在着一种使物质互相排斥的力。

很多科学家把这种力叫作暗物质。我们对其还不甚了解——它从何而来,如何工作。但是我们确信暗物质是存在的,它也许占据了宇宙的70%。暗物质和引力抗衡,使物质之间产生互相排斥的效果。

美国国家航空航天局正在研发一种新的观测台,用来展开对暗物质的研究。科学家们正在努力发掘更多了解它的渠道呢。

致　谢

　　"身边的科学真好玩"系列丛书在制作阶段,众多小朋友和家长集思广益,奉献了受广大读者欢迎的书名。在此,特别感谢蒋子婕、刘奕多、张亦柔、顾益植、刘熠辰、黄与白、邵煜浩、张润珩、刘周安琪、林旭泽、王士霖、高欢、武浩宇、李昕冉、于玲、刘钰涵、李孜劼、孙倩倩、邓杨喆、刘鸣谦、赵为之、牛梓烨、杨昊哲、张耀尹、高子棋、庞展颜、崔晓希、刘梓萱、张梓绮、吴怡欣、唐韫博、成咏凡等小朋友。

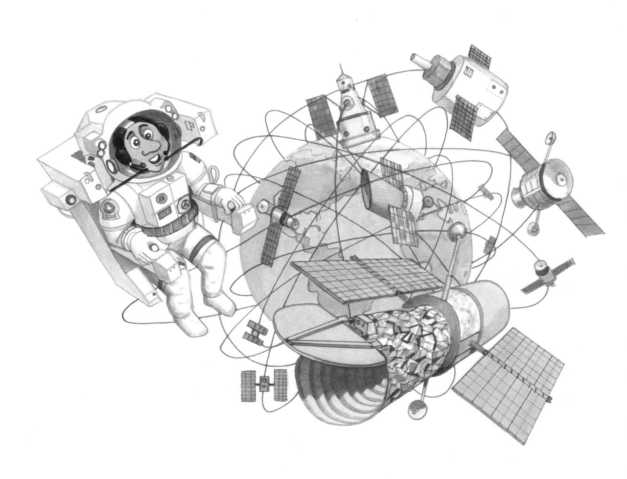